L'ART

DE

FORMER LES SOMNAMBULES,

TRAITÉ PRATIQUE

DE

SOMNAMBULISME MAGNÉTIQUE

A L'USAGE

DES GENS DU MONDE ET DES MÉDECINS

QUI VEULENT APPRENDRE A MAGNÉTISER ;

PAR M.***, DE MONTPELLIER.

Croyez et veuillez.
PUISÉGUR.

MONTPELLIER,

DE L'IMPRIMERIE DE PIERRE GROLLIER, RUE BLANQUERIE, 18.

1846.

L'ART

DE

FORMER LES SOMNAMBULES.

L'ART

DE

FORMER LES SOMNAMBULES,

TRAITÉ PRATIQUE

DE

SOMNAMBULISME MAGNÉTIQUE

A L'USAGE

DES GENS DU MONDE ET DES MÉDECINS

QUI VEULENT APPRENDRE A MAGNÉTISER ;

PAR M.***, DE MONTPELLIER.

Croyez et veuillez.
PUISÉGUR.

MONTPELLIER,

DE L'IMPRIMERIE DE PIERRE GROLLIER, RUE BLANQUERIE, 18.

1846.

INTRODUCTION.

Le titre seul de cet ouvrage révoltera, j'en suis sûr, beaucoup de magnétiseurs; les uns me feront un crime de mettre le Somnambulisme à la portée de tout le monde; les autres me reprocheront de détourner le Magnétisme de sa véritable destination, qui doit être son application à la thérapeutique; tous m'en voudront de donner au public le goût des expériences extraordinaires, des phénomènes intéressants, et surtout d'enseigner le moyen de les produire.

Ces reproches me toucheront peu. Avant d'écrire ce livre, je me suis dit à peu près tout ce que l'on pourra me dire; je me suis prêché sans pouvoir me convertir. Alors j'ai pensé que si je ne possédais aucune influence sur moi-même pour éloigner cette idée, c'est que sans doute je devais avoir de graves motifs d'exposer mes sentiments, de propager mes opinions; je pourrais à la rigueur me dispenser de faire connaître ces motifs, mais je tiens à prouver aux personnes dont j'ai parlé, que j'agis dans un but honnête et que j'ai seulement en vue l'intérêt du Magnétisme. D'ailleurs leur susceptibilité est trop honorable; elle fait trop l'éloge de leur caractère, pour que je me renferme à leur égard dans un dédaigneux silence. Une opinion consciencieuse et désintéressée est toujours respectable, même lorsqu'elle est exagérée jusqu'au point de voir du danger là où il n'en existe pas l'ombre.

Je répondrai d'abord aux magnétiseurs consciencieux qui voient un outrage pour le Magnétisme dans la plus petite expérience. M. Aubin Gauthier voudrait faire jurer à tous les magnétiseurs de ne mettre jamais leurs somnambules en spectacle. (1) MM. Bruno, Deleuze étaient, sur ce point, d'une fermeté inébranlable : « Magnétisez pour faire du bien, disaient-ils, toute expérience est une profanation, un sacrilége. » Ce sont là de nobles paroles; un temps viendra, j'en suis sûr, où l'on pourra les prendre pour règle de conduite, mais aujourd'hui se conformer à leurs conseils ce serait tout simplement *enterrer* le Magnétisme.

Lorsque Mesmer découvrit le Magnétisme, en 1780, ou plutôt formula une théorie d'une manière un peu moins vague que Van Helmont (2), Maxwel, Santanelli ne l'avaient fait avant lui, il ne se doutait pas de l'action de la volonté, action indispen-

---

(1) *Traité pratique du Magnétisme et du Somnambulisme.* Paris, 1845.

(2) Van Helmont a écrit un ouvrage intitulé : *De magneticâ vulnerum naturali et legitimâ curatione*. Paris, 1621. Dans ce livre Van Helmont faisait une distinction entre la *sympathie* et le Magnétisme, propriété occulte, appelée ainsi, dit-il, à cause de son analogie avec l'aimant, et en vertu de laquelle le monde visible est gouverné par le monde invisible.

sable pour produire le somnambulisme. Pour lui, le Magnétisme n'était autre chose qu'un nouveau moyen de guérir les maladies à l'aide d'une *matière subtile*, *propriété du corps animal*. Plus tard, le marquis de Puységur observa le premier cas de Somnambulisme à la fin du mois d'avril 1784, dans sa terre de Busancy. Une nouvelle voie était ouverte au Magnétisme ; les magnétiseurs s'y jetèrent avec ardeur, et de brillants succès marquèrent leurs premiers pas.

On avait donc un moyen matériel de constater l'existence du Magnétisme. On pouvait mettre en demeure de se prononcer, les commissaires et les membres des académies qui avaient repoussé avec un si injuste dédain la grande découverte de Mesmer. Lorsqu'on leur présentait un malade guéri par les premiers procédés magnétiques, ils prétendaient que c'était un effet de l'imagination ; que l'individu n'avait jamais été malade, ou bien qu'il avait été guéri par des remèdes ordinaires administrés en cachette. Ces raisons pouvaient à la rigueur paraître plausibles à la partie du public qui demandait des preuves convaincantes avant de se prononcer.

Avec le somnambulisme le doute était impossible, la négation devenait ridicule. Rien n'est brutal, rien n'est entêté comme un fait. Mais les individus qui prenaient modestement le titre de *savants*, ne se tinrent pas pour battus ; il en coûtait trop à leur amour-propre de confesser leur sottise. Le bon public, qui les trois quarts du temps est obligé de les croire sur parole, aurait bien pu, dans d'autres circonstances, raisonner par analogie et penser naïvement que, puisqu'ils s'étaient grossièrement trompés dans la question du Magnétisme, ils pouvaient bien se tromper encore. Et puis, quel scandale ! Comme leur considération aurait baissé dans l'opinion publique ! D'ailleurs il est une maxime fort commode pour cacher les bévues les plus ridicules, « c'est que les *corps savants* ne doivent jamais avoir tort. »

Eh bien ! je le demande maintenant : lorsqu'on n'a pu encore faire accepter le Magnétisme, en tant que fait matériel, non-seulement aux corps savants, ce qui serait un fort petit malheur, mais même à la moitié des individus qui, par leur position et par leurs connaissances, auraient rendu les plus grands services à la science nouvelle, vous

vous préoccupez de la question d'application, vous en faites la question principale ! Raisonnons un peu : toute science repose sur des axiômes ou sur des faits, selon la nature des objets qu'elle concerne. En matière de science expérimentale ce sont des faits qui lui servent de base. Il est donc indispensable de constater l'existence de ces faits de manière à ce qu'il n'y ait plus de doute dans l'esprit de personne. Les systèmes, les théories viennent après. Ce qu'il importe d'abord, c'est qu'on ne vienne pas à tout propos révoquer en doute l'existence des faits sur lesquels vous posez les fondements de l'édifice que vous élevez. Que deviendrait la physique et la chimie si, sur dix personnes, six niaient l'existence des phénomènes de l'électricité ou la présence de l'azote dans l'air ?

Commencez avant tout par prouver d'une manière incontestable l'existence du Magnétisme, puis vous verrez l'usage que vous pouvez en faire. La question d'utilité est une question secondaire. Pénétrez-vous de cette pensée que toutes les vérités sont utiles ; faites donc luire la vérité, qu'elle frappe les regards de tous les hommes, même les regards de ceux qui ne la cherchent pas ; mais n'intervertissez pas l'ordre logique dans lequel toute science qui commence est obligée de se ranger pour avoir droit de bourgeoisie dans l'intelligence humaine; ne mettez pas la charrue avant les bœufs.

Je ne cherche donc pas à détourner le Magnétisme de sa *véritable destination ;* seulement je pense que ses adversaires sont encore trop nombreux pour que l'on cherche à savoir d'hors et déjà l'usage que l'on pourra en faire.

Je passe à la seconde objection.

On me dira qu'il est dangereux de mettre le somnambulisme à la portée de tout le monde, par la raison sans doute que quelques personnes pourront en abuser. Il me serait facile de répondre que l'abus est le mauvais côté d'une chose, et qu'une chose doit être envisagée par son bon côté; qu'une des plus tristes conditions de la nature humaine est d'abuser de tout; en un mot, et Bossuet l'a dit, que l'abus est inhérent à toute institution humaine.

Il est une foule d'individus qui abusent de leur force physique et qui profitent de leur constitution athlétique pour chercher dispute aux gens paisibles et les assommer ensuite ; cependant nous envoyons nos enfants aux gymnases pour développer leur système musculaire.

Il est des médecins qui tuent leurs malades, et le nombre n'est pas aussi restreint qu'on serait tenté charitablement de le croire, sans que la société ait le droit de leur demander compte de leurs assassinats, et cependant la profession de médecin est une des plus belles, des plus nobles qu'il soit donné à un citoyen d'exercer.

Je pourrais ainsi parcourir une longue série d'institutions, de professions et d'usages, et je démontrerais sans peine le danger qu'ils peuvent offrir, lorsque des hommes sans honneur les exploitent au profit de leurs passions ; mais je préfère aborder résolument la question, car l'on pourrait croire que je recule devant la véritable difficulté.

Il est dangereux de propager le Somnambulisme ! Je conçois que si personne n'avait l'idée de cet état extraordinaire, si nul ne savait les moyens de le reproduire, l'homme qui connaîtrait ces moyens pourrait hésiter avant de les révéler au public. Mais aujourd'hui tant de gens sont témoins des effets prodigieux obtenus par les procédés magnétiques, que sur le nombre une grande partie essaie de magnétiser; tous ne se donnent pas la peine d'étudier sérieusement le Magnétisme. Ils savent qu'en *voulant* avec énergie, et qu'en *remuant les mains* devant les yeux d'une personne, on finit par *l'endormir*. Connaissent-ils le moyen de la réveiller? Certainement; ils la *secouent!* Mais pendant qu'elle dormira, ils feront des expériences d'*insensibilité*; ils la tracasseront, ils la tourmenteront de mille manières pour la faire parler, pour la faire marcher, et puis, s'ils ont réussi tant bien que mal, à l'aide d'une magnétisation incomplète et grossière, ils vanteront leur *puissance magnétique*, ils se féliciteront d'avoir obtenu des *phénomènes*.

Les jeunes gens qui magnétisent ainsi ne se doutent pas du mal irréparable qu'ils peuvent faire aux infortunés sujets qu'un déplorable hasard jette dans leurs mains. Je ne parle pas seulement des crises violentes où ils les plongent au moment du réveil; des céphalalgies qui résultent de ces procédés informes, ni des symptômes de catalepsie qui se manifestent dans l'état de Somnambulisme; mais je dirai, sans craindre d'être démenti par un magnétiseur digne de ce nom, qu'un sujet magnétisé de cette manière est exposé aux plus terribles accidents. Une maladie nerveuse qui dure jusqu'au tombeau, la perte des facultés mentales, la mort même, telles sont les catastrophes qu'amènent l'ignorance et une imprudente fatuité.

Et pourtant, je dois le dire, en voyant le nombre d'ignorants qui essaient de magnétiser comme si c'était la chose la plus indifférente du monde, je suis étonné de ne pas voir renouveler plus souvent ces accidents déplorables. Mais il arrive des accidents moins terribles qui font le plus grand mal au Magnétisme. Vous ne donnez qu'un mal de tête à votre sujet, soit, mais vous le dégoûtez du Somnambulisme, et il ne se soumettra qu'avec repugnance à votre action. Après deux ou trois tentatives de ce genre, il réfusera tout à fait de se laisser magnétiser, et, franchement, il fera bien.

C'est en présence de ces événements que j'ai

compris la nécessité d'un livre qui enseignerait à magnétiser avec la certitude de ne pas faire de mal. Parmi le grand nombre d'ouvrages magnétiques qui ont paru, la plupart sont, par l'élévation de leur prix, hors de la portée de beaucoup de personnes. Ils contiennent d'excellentes choses, de bons conseils, de saines réflexions, mais ils mêlent ensemble la physiologie, la thérapeutique, la nosographie, ils se préoccupent du point de vue historique ou critique, de telle manière que le côté pratique est entièrement perdu de vue. Pour ma part, je me suis proposé d'écrire un ouvrage *essentiellement pratique*. J'ai voulu qu'après l'avoir lu, qu'après l'avoir médité sérieusement, chacun pût préserver les somnambules qu'il ne manquera pas de trouver, en suivant mes conseils, des terribles accidents qu'entraîne toujours la connaissance incomplète du Somnambulisme.

Quant à la question morale, je ne puis dire qu'une chose : tant pis pour ceux qui se serviront du Somnambulisme pour faire le mal.

Le mal peut s'allumer même aux clartés d'un cierge.

A dit un grand poëte; s'il existe des hommes assez dépravés pour faire du Somnambulisme un instrument de désordre, je ne puis que les plaindre. Il ne sera pas donné à quelques débauchés de faire avorter une aussi belle découverte que le Magnétisme, parce qu'il leur plaira de le mettre au service de leurs passions. Encore une fois, tant pis pour eux ; mais ne nous laissons pas égarer par un sentiment mal entendu. Souvenons-nous que la religion et la justice sont deux saintes et nobles choses, quoiqu'il y ait des chrétiens hypocrites et des juges prévaricateurs.

L'ART

DE

FORMER LES SOMNAMBULES.

CHAPITRE Ier

DU FLUIDE MAGNÉTIQUE.

Parmi les conquêtes de la physiologie moderne, la plus importante est sans contredit la découverte du *Fluide nerveux*, appelé aussi *Électricité vitale* (1).

---

(1) Je n'ai pas été peu surpris de voir M. Teste, dans son *Traité pratique de Magnétisme animal*, page 23, écrire, avec une légèreté impardonnable : « Cette *hypo-« thèse* mérite à peine qu'on en fasse mention. » Et cependant, M. Teste, malgré sa vive répugnance, est obligé d'admettre l'existence d'un Fluide magnétique ! Cette phrase contient encore une erreur matérielle. En tant qu'hypothèse l'idée du Fluide nerveux n'est pas nouvelle, seulement la preuve démonstrative était réservée aux physiologistes modernes.

Pendant longtemps le Fluide nerveux n'a été qu'une hypothèse ingénieuse supposée par les savants pour expliquer les phénomènes inexplicables de l'innervation. Mais aujourd'hui les expériences de MM. Breschet et Milne Edwards sur l'innervation digestive, celles de MM. Lafontaine et Thilorier (1) sur l'analogie du fluide nerveux avec l'aimant et l'électricité, ne permettent plus le moindre doute à cet égard. Presque tous les physiologistes sont d'accord sur ce point, que le système nerveux développe un *Galvanisme vital ;* je citerai entre autres : Béclard, Béraudi, Weinhold, Wilson, Vavasseur, Aldini, Magendie, Krummer, etc.

« Dans cette théorie, dit Lepelletier de la Sar-« the (2), l'explication des actes physiologiques

---

(1) MM. Lafontaine et Thilorier ont démontré, en 1844, que le Fluide nerveux se dégage sous l'influence de la volonté, de toutes les parties du corps, et notamment des mains, de l'épigastre et du front. Ainsi, soit par la seule force de la volonté, soit en passant la main à plusieurs reprises à quelques distances d'un morceau de fer doux, il est aisé de se convaincre que l'on change non-seulement la force, mais encore la direction des courants électriques, de manière a obtenir des mouvements très-sensibles de l'aiguille aimantée.

(2) *Physiologie médicale.* T. I, page 355.

« de l'innervation devient très-facile et très-satis- « faisante; dans toutes les autres, elle est abso- « lument impossible. »

C'est donc au *Fluide nerveux*, à ce fluide dont l'existence est admise par les physiologistes les plus distingués, que nous devons rapporter les phénomènes magnétiques. C'est lui qui en est la cause première, le principe efficient; quant à la cause déterminante de ces phénomènes, il est probable qu'on ne la connaîtra jamais.

Le plus singulier reproche qu'on ait fait encore au Magnétisme, c'est d'être un effet sans cause, une fonction sans organe, « ce qui est absurde, » disaient les gros bonnets de la médecine (1). Il existe cependant beaucoup d'organes dont on ignore les fonctions, et beaucoup de fonctions dont on ne connaît pas les organes, du moins dont les organes ne sont pas susceptibles d'être mis à nu au moyen du scalpel. Je sais bien que tous les anatomistes ne sont pas de cet avis. Mais avec cette prétention de découvrir les organes de toutes

(1) Entre autres M. Rochoux de l'Académie royale. L'illustre académicien a dit en propres termes, dans la séance du 15 juillet 1841 : « Lorsqu'un magnétiseur prétendra que sa somnambule voit les yeux fermés, je lui répondrai : Permettez-moi donc de lui crever les yeux, puisqu'elle n'en a pas besoin pour voir ! »

les fonctions, on a été jusqu'à dire que « le cerveau était chargé de la *fonction* de l'intelligence, comme l'estomac de la chymification (1) ; » il en coûte moins à quelques personnes d'afficher un grossier matérialisme, que d'avouer humblement leur ignorance.

Les physiologistes sont donc obligés d'admettre que le Magnétisme n'est plus un effet sans cause, puisqu'il attribue au Fluide nerveux le principal rôle dans ses phénomènes. Sa base repose donc sur un terrain scientifique, puisqu'il est d'accord avec la physiologie sur l'existence du principe dont il a la prétention de relever directement. Comment expliquer alors le dédain que lui gardent les mêmes individus qui proclament l'existence du Fluide ner-

(1) Georget, *Physiologie du système nerveux*, tome 1.

On voit par cette citation quelles étaient les opinions de Georget. En sa double qualité de médecin et de matérialiste, il se crut obligé de repousser le Magnétisme sans examen. Cependant le hasard l'ayant rendu magnétiseur, ses idées se modifièrent à un tel point que, dans son testament, il écrivit d'une main mourante, après avoir reçu les secours de la religion : « Si je suis devenu spiritualiste, c'est au Magnétisme que je le dois ! » Et il engageait ses amis à donner une nouvelle édition de son ouvrage, en faisant disparaître toutes les traces de ses opinions matérialistes. Cette tâche serait peut-être impossible, tant l'esprit du système dans lequel l'ouvrage

veux? — Si le fluide nerveux existe, si, comme il est démontré pour eux, il a une foule d'analogies avec le Magnétisme minéral et l'Électricité, pourquoi ne pas admettre qu'il peut se manifester par des phénomènes aussi étranges et aussi inexplicables que l'aimant et le galvanisme?

Les physiologistes admettent que la volonté peut envoyer au bout des doigts une quantité de fluide nerveux capable de les faire remuer. Les magnétiseurs vont plus loin, ils affirment que par la volonté on peut faire dépasser au fluide nerveux la limite des ongles, et le diriger sur un objet déterminé. La distance qui sépare le Magnétisme de la Science n'est donc pas bien grande. C'est une simple question de fait que les hommes de bonne foi ont déjà résolue.

Le Magnétisme, envisagé comme acte, n'est autre chose que l'*émission* du Fluide nerveux. Comme science, c'est la *connaissance et la direction* du Fluide nerveux (1).

---

entier a été conçu, domine toutes les démonstrations. Mais il est fâcheux que ce livre n'ait pas été réimprimé avec des notes. Un ami de l'auteur aurait dû faire, pour la *Physiologie du système nerveux*, ce que Châteaubriand a fait pour son *Essai sur les révolutions*. Ce serait un beau monument élevé à la gloire de Georget et à la honte du matérialisme.

(1) Je me servirai indistinctement dans le cours de

CHAPITRE II.

QUALITÉS DU MAGNÉTISEUR.

Le fluide nerveux n'est pas une faculté, c'est une propriété inhérente à tout corps animal. De là vient son caractère éminemment impersonnel. Tout homme le possède à un degré qui varie selon l'âge et le tempérament; tout le monde peut donc magnétiser. Mais certaines conditions doivent se trouver réunies chez un individu pour favoriser l'émission de ce fluide.

Deleuze affirme que les enfants peuvent très-bien magnétiser dès l'âge de sept ans (1). Malgré l'autorité de ce nom, il me semble difficile d'admettre que, dans un âge aussi tendre, on puisse

---

cet ouvrage des expressions *de Fluide nerveux* ou *de Fluide magnétique*. Peu importe le nom d'un objet lorsque l'existence de cet objet n'est un doute pour personne.

(1) Il est vrai que Deleuze ne se préoccupait que du Magnétisme médical. Il pouvait donc supposer que les enfants étaient capables de guérir les maladies, puisque leur activité cérébrale est de beaucoup supérieure à celle de l'homme fait; néanmoins je persiste à croire qu'ils ne sauraient jamais provoquer le Somnambulisme.

apporter à l'acte de la magnétisation le sérieux, le recueillement, la patience et l'énergie nécessaires pour produire des phénomènes; je crois plutôt que, pour magnétiser avec succès, il faut être dans la force de l'âge; dans tous les cas il est bon d'attendre que le tempérament soit formé.

La première qualité du magnétiseur est d'avoir une bonne santé. Sans cette condition, on n'émettra qu'un fluide dénué de force et d'action. D'ailleurs la fatigue qu'entraîne l'acte de la magnétisation empêcherait bientôt de continuer.

Le tempérament le plus favorable pour un magnétiseur est le tempérament *nervoso-sanguin*. Un tempérament exclusivement sanguin ou nerveux est aussi très-propice. Du reste ces indications n'ont rien d'absolu : si on les prenait au pied de la lettre, on recevrait dans la pratique de fréquents démentis; mais je crois pouvoir affirmer avec certitude qu'un individu doué ou plutôt affligé d'un tempérament lymphatique ne pourra jamais devenir magnétiseur.

Les qualités morales du magnétiseur sont dignes d'être mentionnées. Ces principales qualités sont : l'énergie dans la volonté, la persistance, la faculté de s'abstraire, l'imagination et la patience. Il faut aussi qu'il ait une grande confiance dans lui-même, et qu'il ne soit pas dépourvu d'une certaine conviction. Il est difficile de posséder cette conviction la première fois que l'on magnétise. On doit alors supposer cette conviction et agir avec assurance. Si vous magnétisez mollement, avec une crainte perpétuelle de ne pas réussir, votre action sera incertaine et chancelante et votre influence nulle. Si vous n'êtez pas convaincu, agissez avec fermeté, ne vous préoccupez pas du résultat, et il est probable que vos efforts seront couronnés de succès.

Le magnétiseur doit procéder avec recueillement et éloigner de lui tout sujet de distraction ; il écartera de son esprit les idées importunes ; il ne verra que son sujet; il ne s'occupera que de lui. S'il se laisse aller à des pensées étrangères, il perdra toute sa force, il n'exercera aucune influence. Il faut que l'action de la volonté soit une, continuelle, persistante avec la même intensité. Sans ces conditions, on aura beau faire le moulinet avec les bras autour du magnétisé, on le fatiguera, mais on ne l'endormira jamais.

Je ne saurais trop insister sur ce point, que le succès est impossible si l'on magnétise avec l'intention de faire le mal. Il existe une raison physiologique qui explique très-bien ce phénomène. Je ne crois pas nécessaire de la donner; mais je dois avertir les personnes qui commencent à magnétiser, que, si elles ont un autre but que celui d'étudier consciencieusement les effets du Magnétisme, elles échoueront dans toutes leurs tentatives.

CHAPITRE III.

CHOIX DU SUJET.

Je viens de dire que tout le monde, sauf de rares exceptions, pouvait magnétiser avec succès, en réunissant toutefois certaines conditions assez communes. Il n'en est pas ainsi de l'aptitude à recevoir l'influence magnétique. C'est là, je l'avoue, le côté faible du Magnétisme. Sur vingt individus pris au hasard, dix seront complétement rebelles à l'influence du magnétiseur, trois ou quatre dormiront, et peut-être un seul deviendra-t-il somnambule. Cependant, en suivant les indications que je vais donner, on trouvera un sujet sans beaucoup de peine. Par là, on s'épargnera l'ennui de magnétiser longtemps sans succès, et l'on n'éprouvera pas le découragement qui suit une série d'échecs et de mécomptes.

Il est reconnu que les femmes sont plus sensibles que les hommes à l'action magnétique. La faiblesse relative de leur constitution explique cette différence; mais il ne faudrait pas en conclure qu'un homme ne peut pas être endormi, et que toutes les femmes sont au contraire faciles à endormir. En Magnétisme, il est presque impossible de poser une règle générale; il n'existe que des probabilités.

S'il est un préjugé répandu dans le monde, c'est que les gens nerveux sont d'excellents sujets, sur lesquels l'action magnétique rencontre peu d'obstacles. L'expérience m'a révélé, au contraire, que les femmes maigres, sèches, douées d'un tempérament nerveux-encéphalique exclusif, disposées aux névropathies, toujours en mouvement, ayant une imagination ardente, sont les sujets les plus mauvais que l'on puisse trouver.

En général, pour être magnétisé, il faut être malade. Le Magnétisme n'agit pas sur les individus parfaitement sains, doués d'une constitution robuste. Il n'est pas toujours nécessaire qu'il y ait réellement maladie, mais un état de faiblesse habituelle ou momentanée, les pâles couleurs chez les femmes, la suspension du flux menstruel, sont des circonstances où le succès est probable.

Voici les conditions qui, réunies chez la même personne, me paraissent offrir le plus de chances de réussite : muscles plats, teint jaune ou chlorotique, cheveux bruns (1), tempérament nerveux-ganglionnaire avec un principe lymphatique développé, caractère timide, dépourvu d'imagination. Les dispositions au Somnambulisme naturel, les

(1) Il est à peu près certain qu'on n'a jamais vu une somnambule blonde. Les gens qui expliquent tout, devraient bien me donner la raison de ce phénomène.

attaques de nerfs, la tendance à l'épilepsie favorisent éminemment l'action magnétique.

Il est un signe qui épargnera bien des recherches aux magnétiseurs, s'ils ont le soin de l'observer avec attention. Ce sont deux lignes blanches commençant un peu au-dessous des ailes du nez et continuant jusqu'aux coins de la bouche, dont elles entourent la lèvre supérieure. C'est la première fois que cette observation est publiée, l'expérience en démontrera la justesse.

Au reste, un magnétiseur exercé qui a vu plusieurs somnambules, se trompe rarement dans le choix d'un sujet. Il est un diagnostic assez difficile à préciser, que l'on acquiert surtout par l'habitude, et qui permet de juger au premier coup d'œil. Mais, je le répète, pour porter un jugement sûr, il faut essayer.

L'influence de magnétiseur à magnétisé est essentiellement relative. Tel sujet n'a pu être endormi par un magnétiseur et le sera par un autre. Quelques personnes expliquent ce phénomène au moyen de la *sympathie*. Ce n'est qu'un mot. Comme j'ai le projet de n'offrir à mes lecteurs que des moyens essentiellement pratiques, je me dispenserai d'entrer dans des détails inutiles, pour ne rien dire de plus.

CHAPITRE IV.

PHYSIOLOGIE DU SOMNAMBULISME.

Le Fluide nerveux ne produit un état aussi extraordinaire que le Somnambulisme qu'en modifiant l'organisme dans des conditions inconnues jusqu'à ce jour, et il ne peut le modifier qu'en le pénétrant jusque dans ses plus intimes profondeurs. Cette influence peut être bonne ou mauvaise ou même indifférente, selon que le sujet se trouve dans un état plus ou moins favorable.

L'action du fluide nerveux se fait sentir surtout dans les fonctions de la vie végétative, qu'elle modifie de diverses manières.

L'état de la température du corps ne reste jamais le même pendant le sommeil magnétique que dans l'état de veille. Quelquefois le sujet devient brûlant, des effluves de chaleur se dégagent de tous ses membres et notamment du front; on remarquera, mais plus rarement, une sueur qui se manifeste surtout dans les bras. Cet état de moiteur ne dure pas longtemps ; quelques minutes après le commencement du sommeil il cesse tout à fait; chez les sujets habitués à l'action magnétique ce phénomène est moins apparent; le plus souvent il est nul.

C'est quelquefois aussi le contraire qui arrive;

la chaleur abandonne les extrémités qui deviennent alors très-froides. On remarquera dans la pratique une tendance plus prononcée pour le froid que pour le chaud, mais la tête reste toujours brûlante.

La circulation du sang subit des modifications complétement opposées. Chez un petit nombre de sujets, le pouls baisse d'une manière sensible: chez le plus grand nombre, il augmenté au point de donner 130 pulsations par minute. Ce phénomène doit être observé au commencement de l'état de sommeil, dans cette période d'*insensibilité* qui précède la *lucidité* (1). Plus tard le pouls descend et se rapproche de l'état ordinaire (2), mais il est toujours plus rapide.

Les fonctions de la digestion paraissent tout à fait suspendues dans la période d'insensibilité. Il est probable que les sécrétions subissent une influence marquée, car les excrétions ont rarement lieu pendant le Somnambulisme. Quelquefois un léger *mucus* arrive au bord des fosses nasales sous la forme de roupie, le somnambule l'essuie ; mais il a beau essayer de se moucher, il n'y parvient jamais.

---

(1) Je reviendrai plus loin sur cette matière importante.

(2) Le pouls s'élève encore au moment du réveil. Mais pendant toute la durée du sommeil magnétique, le magnétiseur élève les pulsations à volonté.

La respiration, vive, précipitée pendant la période d'insensibilité, finit par devenir calme et uniforme. L'expérience a prouvé que les somnambules ont besoin de très-peu d'air pour respirer.

L'insensibilité organique est un des phénomènes les plus curieux qu'il soit possible d'observer. Le plus souvent elle existe naturellement dans la première période. Mais on la produit à volonté pendant toute la durée du Somnambulisme. Cette insensibilité n'est jamais absolue; elle n'existe jamais que d'une manière relative.

Chez les sujets que l'on magnétise pour la première fois, on observe fréquemment des symptômes de catalepsie. La raideur des membres est extraordinaire et devient presque tétanique; lorsque l'on parvient à les assouplir un peu, ils conservent la position qu'on leur donne.

Les paupières des somnambules sont fortement convulsées; il est difficile de les ouvrir; on y parvient cependant avec quelques précautions. Si l'on a pu les ouvrir sans faire tourner le globe de l'œil, on remarquera la dilatation constante de la pupille, qui supportera la présence des rayons lumineux sans se contracter; aussi, au moment du réveil, la moindre clarté blesse-t-elle vivement les somnambules, qui ne peuvent s'habituer à la lumière que par degrés.

Les somnabules éprouvent une grande répugnance pour le fer aimanté; on n'a qu'à le leur présenter derrière le dos, sans les avertir, pour leur causer une vive douleur. Ils ne peuvent aussi souffrir le contact de la plupart des métaux ; le fer, le plomb, le cuivre surtout, leur causent des démangeaisons insupportables ; ils ont moins d'aversion pour l'argent, et quelques-uns recherchent l'or avec avidité.

L'influence du Fluide nerveux sur les fonctions de la vie animale est intéressante à étudier. Les mouvements des membres sont lents et pénibles ; la démarche est chancelante ; le larynx, contracté, laisse échapper avec peine des sons entrecoupés ; l'exercice finit cependant par régulariser l'action de ce fluide. Un somnambule magnétisé avec soin une fois par jour, au bout de dix-huit ou vingt séances, parle assez distinctement et marche avec plus de facilité ; mais sa voix aura toujours un caractère différent de l'état ordinaire, et son corps sera toujours agité d'un tremblement nerveux presque imperceptible.

Les somnambules n'entendent pas toujours leurs magnétiseurs, surtout lorsqu'ils présentent seulement des phénomènes d'insensibilité. Lorsqu'ils sont lucides, ils ne doivent entendre que lui et les personnes avec qui ils sont mis en rapport.

Dans la période de lucidité, le goût et l'odorat ne subissent aucune altération, seulement le magnétiseur peut les modifier à volonté.

Les fonctions de combinaisons intellectuelles

subissent d'étranges modifications et présentent les phénomènes les plus curieux du Somnambulisme. Lorsqu'un somnambule est lucide, le magnétiseur peut lui transmettre sa pensée sans l'intermédiaire des sens; toutefois il est nécessaire que cette pensée soit formulée au moyen d'une image; un mot, une idée abstraite ne pourra jamais être transmise. Ainsi l'idée de *bonheur* et de *malheur* ne sera pas comprise, le magnétiseur devra se représenter *un homme qui rit* et *un homme qui pleure*.

Le magnétiseur peut aussi donner à un verre d'eau le goût qu'il lui plaira, le somnambule le reconnaîtra souvent; il peut supposer qu'un objet est chaud, et le somnambule éprouvera une vive sensation en le touchant; il peut faire subir à sa pensée une foule de nuances qui seront indiquées avec justesse et précision. C'est un vaste champ ouvert aux investigations de la philosophie que le Somnambulisme!

Il est souvent question en Magnétisme *de transposition de sens*, de *vue à distance*, de *vue à travers les corps opaques* et de *prévisions*. Des hommes éminents ont observé la plupart de ces phénomènes, et leur nom seul les met à l'abri de toutes suspicion. Je me contenterai de dire pour le moment que presque tous ces faits extraordinaires, mal observés dans l'origine, peuvent souvent être expliqués par la *transmission de pensée*. Quant aux *prévisions*, la perspicacité des somnambules, qui dépasse tout ce que l'on pourrait imaginer, est sans doute la seule cause de ces phénomènes. Je serais donc très-disposé à admettre, avec Georget, les prévisions, en tant qu'inductions, tirées d'un fait existant, mais connu seulement du somnambule. Par ce moyen, on comprendra que les somnambules puissent prévoir les diverses phases de leurs propres maladies, et exercer même leur étonnante faculté sur les malades qu'on leur présente. Je serais aussi fort disposé à avoir confiance dans leur diagnostic; mais j'ai plus de répugnance pour leur thérapeutique. Je connais cependant des magnétiseurs qui ont une foi robuste dans les remèdes indiqués par leurs somnambules et qui se soumettent sans hésiter à leurs plus étranges ordonnances.

CHAPITRE V.

PRESCRIPTIONS HYGIÉNIQUES ET MORALES.

La bienveillance nécessaire au magnétiseur pour produire le Somnambulisme, doit se manifester surtout dans les précautions à prendre pour prévenir les accidents dont j'ai parlé dans mon introduction. Ces précautions sont de deux genres; les unes commandées par l'hygiène, les autres par la morale. La première indique les cas où le magnétiseur peut modifier l'organisme au point d'amener de fâcheux résultats ; la seconde oblige à respecter certaines convenances devant lesquelles doit s'incliner tout homme sage et prudent.

J'ai dit que l'influence du Fluide nerveux pouvait être bonne, mauvaise ou indifférente. Pour produire le Somnambulisme, il n'est pas rigoureusement nécessaire que cette influence fasse du bien au sujet, mais il est important de magnétiser de manière à ne pas faire de mal, même involontairement.

On vient de voir au chapitre précédent l'influence qu'exerçait le Fluide nerveux sur les fonctions de l'estomac. On ne magnétisera donc jamais un sujet avant que la digestion soit complétement terminée. Il est bon d'attendre au moins trois ou quatre heures.

On doit s'abstenir en général de magnétiser les enfants des deux sexes avant l'époque de la puberté. Il est même très-prudent d'attendre que le tempérament soit entièrement formé. L'influence du Fluide nerveux sur la circulation et sur le flux menstruel fait un devoir aux magnétiseurs de ne jamais magnétiser les femmes aux approches de l'âge critique. On doit éviter aussi, par la même raison, de les magnétiser dans l'état de grossesse.

Les phthisiques parvenus au dernier période de leur maladie semblent puiser dans la magnétisation des forces nouvelles. Mais le Fluide nerveux, en augmentant l'énergie du principe vital, accélère aussi la décomposition des poumons. On doit donc se dispenser de les magnétiser.

Ne choisissez jamais pour sujets de vos expériences des individus atteints de maladies mortelles et surtout d'affections qui peuvent amener brusquement la mort. Évitez en particulier les anévrismatiques. Quel regret n'auriez-vous pas si un mouvement spasmodique et saccadé, comme il en échappe souvent aux somnambules, déterminait la rupture de l'anévrisme! Évitez encore les épileptiques. L'action magnétique active souvent leurs crises, et de graves accidents peuvent en résulter. Ne les magnétisez que pour les soulager.

Une grave responsabilité pèse sur le magnétiseur; il doit s'opposer avec énergie à toutes les expériences qui pourraient avoir des conséquences graves et fâcheuses pour les somnambules. S'il se livre à des expériences d'insensibilité, il doit s'assurer que le sujet n'en souffrira pas après le réveil.

La prescription la plus importante que je doive faire au point de vue moral, c'est de ne jamais magnétiser un sujet, homme ou femme, en étant seul avec lui. Ayez toujours deux ou trois témoins près de vous. Par là, il vous sera facile de démentir les suppositions calomnieuses que l'on pourrait faire sur votre compte. Vous serez ainsi sans inquiétude sur le résultat moral de vos expériences, et vous y gagnerez une plus grande liberté d'esprit.

Ne magnétisez jamais un sujet qui éprouve de la répugnance à se soumettre à votre action; outre que cette condition est défavorable, si un accident imprévu arrivait, soit pendant, soit après le sommeil magnétique, il ne manquerait pas de vous être attribué.

Si vous avez à magnétiser une jeune fille, obtenez l'agrément de ses parents, insistez pour qu'ils assistent à vos séances. Opposez-vous avec fermeté aux expériences contraires aux bonnes mœurs. Cette prescription doit être observée rigoureusement même dans un intérêt magnétique. Si vous vous livrez envers votre sujet à des actes qu'il ne supporterait pas dans l'état ordinaire, il éprouvera, même en Somnambulisme, une répugnance marquée; après le réveil, un instinct, dont il ne pourra se rendre compte, l'éloignera invinciblement du Magnétisme.

Le magnétiseur ne doit jamais perdre de vue qu'il tient entre ses mains la vie de son sujet, qu'il dispose entièrement de sa volonté, qu'il est le maître de ses sensations. Cette position doit le relever à ses propres yeux, et lui donner une haute idée de lui-même. Il est impossible alors qu'il pousse la lâcheté jusqu'à abuser d'un être dont l'état passif et incapable de résistance semble éloigner jusqu'à la pensée de la séduction.

CHAPITRE VI.

MAGNÉTISATION.

En fait de magnétisation le meilleur procédé est celui qui réussit. Cependant, comme tous les procédés ne disposent pas aussi vite les uns que les autres au Somnambulisme, comme quelques-uns sont irréguliers et peuvent devenir dangereux, il est indispensable de consigner ici ce que l'expérience a révélé sur cette matière.

Lorsque vous aurez jeté les yeux sur un sujet, assurez-vous d'abord qu'il sera libre pendant sept ou huit jours de suite, et toujours à la même heure. Choisissez un lieu sûr où vous ne serez pas dérangé, et recommandez le silence aux personnes qui seront avec vous dans l'appartement. La température du lieu ne doit être ni trop basse, ni trop élevée. Vous engagerez votre sujet à ne pas arrêter son esprit sur une pensée qui pourrait le préoccuper; vous l'inviterez à ne faire aucune résistance, à ne pas se distraire, et à céder au sommeil lorsqu'il sentira ses paupières s'appesantir.

Vous le faites asseoir commodément, et vous vous asseyez devant lui ; vos pieds toucheront ses pieds, et vos genoux ses genoux ; vous appliquez vos pouces contre ses pouces de manière à les unir par les faces palmaires ; vos index passés par dessous exerceront une légère pression; vos yeux doivent rester constamment fixés sur les siens. Votre volonté doit agir alors avec toute la puissance dont elle est susceptible; formulez-la par des images afin de la rendre plus énergique. Figurez-vous que vos yeux lancent un fluide sur la tête de votre sujet; que ce fluide l'environne, pèse sur le cerveau et l'engourdit; représentez-vous les paupières s'affaissant sous l'action de votre volonté et cédant irrésistiblement aux efforts du sommeil.

Deleuze, en développant sa méthode de magnétisation, engage le magnétiseur, après cinq minutes environ, d'abandonner les pouces et de commencer les *passes*. Il est souvent indispensable d'employer les *passes*, et je dirai tout à l'heure en quoi elles consistent; mais le système que j'indique ici m'a très-bien réussi jusqu'à présent, et j'invite les magnétiseurs novices à l'essayer.

Lorsque je tiens les pouces d'une personne, j'agis par la volonté jusqu'au moment où je vois l'action magnétique se manifester par des signes non-équivoques. Ces signes sont en général le clignotement des paupières, le refroidissement des extrémités, une salivation plus abondante, la coloration de la face, l'élévation du pouls, l'anxiété de la respiration, l'envie d'étendre les jambes et les bras. Ces caractères ne se présentent pas toujours ensemble. Leur degré d'intensité varie beaucoup ; quelquefois ils sont à peine sensibles. Les plus fréquents sont le clignotement des paupières, l'abondance de la salive, la difficulté de l'avaler et l'élévation du pouls (1).

Dès que je suis convaincu de mon influence, si j'aperçois, surtout dans les paupières, des mouvements convulsifs, je place ma main gauche sur l'épigastre, en dirigeant mes doigts en pointe, et j'élève la main droite sur le front à la distance de trois ou quatre centimètres. Au bout d'un moment, je l'abaisse avec lenteur jusqu'à l'épigastre. Pendant cette opération, je présente au sujet la face palmaire ; je recommence plusieurs fois, en ayant soin, lorsque je relève ma main, de la tenir fermée et de l'ouvrir brusquement quand j'ai dépassé le front. Je ne tarde pas à apercevoir que le mouvement convulsif des paupières diminue peu à peu ; bientôt il cesse tout à fait ; je discontinue alors mon action : le sujet est endormi.

Mais il arrive souvent que cette magnétisation est insuffisante. Elle ne réussit guère que sur des sujets qui ont une tendance marquée au Somnambulisme. J'ai donc été obligé, à mon grand regret, d'en venir aux passes. Toutefois je dois avouer que

---

(1) J'ai dit au chapitre IV, que le pouls baissait quelquefois, mais ce phénomène est assez rare ; il en est de même de la chaleur des extrémités.

j'ai rarement endormi, au moyen des passes, une personne qui avait résisté à mon action par les pouces.

La passe la plus usitée est la passe *latérale*. Voici en quoi elle consiste : on élève les deux mains sur la tête du sujet et on les tient étendues horizontalement; puis on les abaisse de chaque côté de la tête, le long des bras, jusqu'au poignet; là, on rompt en les écartant brusquement. On recommence ensuite tant qu'on le juge nécessaire.

Pendant le trajet l'on s'arrêtera quelques moments à la hauteur des yeux et des épaules.

C'est toujours la face interne de la main qui doit être tournée vers le sujet. Les doigts seront un peu plus élevés que le poignet. Il ne faut jamais oublier d'agir avec une grande détente musculaire.

Chaque passe doit durer vingt secondes tout au plus.

Après avoir fait cinq ou six passes, on doit employer la passe à grands courants. Au lieu de rompre à l'extrémité des bras, on continue jusqu'aux pieds en s'arrêtant quelques temps aux genoux. On a pour but, en agissant ainsi, d'empêcher la concentration du fluide dans un espace trop restreint.

On emploie la passe *antéro-postérieure*, en se plaçant à côté du sujet de manière à le voir en profil. On élève les mains sur la tête, et, en les abaissant, l'une doit passer devant la figure, l'autre derrière la tête. La main qui passe devant le sujet doit aller jusqu'aux pieds, l'autre doit s'arrêter à l'extrémité de la colonne rachidienne.

J'engagerai les magnétiseurs à n'essayer les passes qu'après s'être convaincus de leur impuissance dans la magnétisation dont j'ai parlé. Ce ne sera donc qu'après vingt minutes d'action par les pouces, que l'on commencera les passes.

On magnétise encore en plaçant les mains étendues sur la tête, à quelques centimètres de distance. Chaque minute on les change de place ; on les promène ainsi sur toute la surface du crâne. Cette méthode est très-active, mais elle expose le sujet à de violentes céphalalgies. On ne doit en user qu'avec modération.

Il est rare d'obtenir le sommeil à la première séance. Ce sera seulement après huit ou dix séances que le magnétiseur sera convaincu de son impuissance relative (1). Mais ce qui est encore plus rare, c'est de n'obtenir sur un sujet aucun des phénomènes par lesquels se manifeste l'influence du Fluide nerveux.

La durée de chaque séance ne doit jamais dé-

---

(1) « Nous n'avons pas vu, dit Husson dans son *Rapport à l'Académie royale de Médecine*, qu'une personne magnétisée pour la première fois tombât en Somnambulisme ; ce n'a été quelquefois qu'à la huitième, dixième séance que le Somnambulisme s'est déclaré. »

passer trois quarts d'heure. On ne donnera qu'une séance par jour tant que le sujet ne sera pas habitué à l'action magnétique.

Lorsque le sujet a été endormi plusieurs fois et toujours avec facilité, on peut se dispenser même de lui prendre les pouces. Il suffit de s'asseoir devant lui et de le regarder fixément. Dès que l'on remarque le clignotement convulsif des paupières, on fait quelques passes avec une seule main, du front à l'épigastre. Le clignotement cesse tout à fait et au bout d'un moment le sujet est endormi.

Il est bon d'employer régulièrement les procédés que je viens de décrire, parce que les résultats obtenus par ces procédés sont connus, et qu'un moyen nouveau pourrait produire des phénomènes dangereux pour le sujet. L'expérience a même démontré les funestes effets de certains modes irréguliers, tels que la magnétisation en sens inverse, c'est-à-dire des pieds à la tête. Les convulsions, les crises nerveuses, l'aliénation mentale peuvent en être la suite.

On rencontre quelquefois des sujets privilégiés que l'on endort par le seul effet de la volonté, et quelquefois à une assez grande distance. Dans ce dernier cas, il est quelquefois nécessaire d'envoyer un objet magnétisé pour déterminer le sommeil.

Je dois recommander aux magnétiseurs de s'assurer, avant d'endormir un sujet, qu'il ne porte aucun vêtement en soie. J'ai vu quelquefois cette étoffe développer des crises nerveuses. Il est très-facile, du reste, de constater l'aversion des somnambules pour la soie.

CHAPITRE VII.

DU RÉVEIL.

Le réveil est l'opération la plus importante et la plus difficile du Somnambulisme; c'est celle qui exige le plus de précaution et le plus de patience.

L'action magnétique produit sur chaque sujet une influence qui varie selon sa constitution et son tempérament. Il n'est donc pas étonnant que chaque sujet présente des phénomènes d'un ordre individuel, dont l'étude particulière est indispensable. Si l'on connaissait les lois qui président aux fonctions de l'organisme, si l'on pouvait préciser le genre d'influence qu'exerce le fluide nerveux pour amener le sommeil magnétique, on aurait facilement un moyen infaillible de rétablir l'organisme dans l'état normal et de faire cesser le Somnambulisme à volonté. Malheureusement il n'en est pas ainsi, et l'on ne peut guère procéder que par tâtonnements.

Voici le moyen le plus usité pour faire cesser l'état de Somnambulisme. Je dois dire avant tout, afin de ne pas décourager les magnétiseurs, qu'il réussit le plus souvent. Je vais donc indiquer la règle générale; je passerai ensuite aux exceptions.

Pour réveiller un sujet, on se place debout devant lui et l'on dirige sa volonté vers le but que l'on se propose. Puis l'on élève les mains, en les plaçant de manière à ce que les faces externes soient opposées, et que la main droite soit un peu plus élevée que la main gauche; on les remue alors horizontalement en agitant l'air avec vivacité. On agit ainsi sur la tête, devant la figure, la poitrine et les jambes du sujet, et l'on insiste particulièrement sur la tête et devant l'épigastre. Lorsque le sujet commence à se réveiller, on lui frotte le front et les sourcils avec l'index; et l'on continue d'agiter l'air jusqu'à ce qu'il n'éprouve plus la moindre fatigue (1). Si ces moyens ne suffisent pas, on accélère le réveil en soufflant à froid sur la tête, sur le front et sur les yeux.

Je le répète, ce procédé réussit ordinairement,

---

(1) Règle générale : si le somnambule en se réveillant ne se trouve pas mieux qu'auparavant, c'est qu'il a été mal magnétisé ou que la séance a été trop longue. Le sommeil ordinaire est un état réparateur, le sommeil magnétique est, au contraire, un état d'excitation. Plus le somnambule a dormi du sommeil magnétique, plus il est fatigué à son réveil, et plus il a envie de dormir du sommeil ordinaire.

mais il peut arriver que ces efforts soient inutiles et que le sujet ne se réveille pas. Voici les ressources qui restent alors au magnétiseur. Mais il faut avant distinguer plusieurs cas.

Si le sujet est lucide, c'est à lui qu'il faut s'adresser pour connaître le moyen de le réveiller.

Mais si le sujet n'entend pas et ne parle pas, ou si, ayant la concience de son état, il ne peut indiquer aucun remède, il existe deux moyens de le réveiller; on ne doit y avoir recours qu'à la dernière extrémité.

Le premier moyen consiste à prendre entre les deux mains la tête du sujet et à lui imprimer une série de vibrations rapides et multipliées. Cette opération doit durer cinq ou six secondes, pas davantage. On s'arrête pour dégager avec les passes horizontales, et au bout de deux minutes on recommence. Lorsque le sujet s'agite et fait mine de se réveiller, on doit se borner à agiter l'air, à souffler sur la tête et à frotter les yeux. Le second moyen consiste à magnétiser de l'eau (1) ; on y trempe le bout des doigts et on les secoue vivement sur les yeux du sujet.

---

(1) On magnétise un verre d'eau en le prenant dans une main et en passant l'autre, à plusieurs reprises, par dessus et tout autour. Le souffle chaud est un puissant auxiliaire. Deux minutes suffisent pour magnétiser un verre d'eau. Il faut plus de temps pour une bouteille ordinaire.

Avant de réveiller le somnambule, il faut lui demander le temps qu'il veut dormir, et se conformer à ce qu'il prescrira ; s'il ne parle pas, laissez-le dormir un quart d'heure au moins, à partir du moment où il vous aura paru endormi.

Si, contre toute sorte de probabilité, le sujet ne se réveillait pas après l'emploi de ces divers moyens, il faudrait attendre que la nature vînt à votre secours. Mais je ne saurais trop recommander aux magnétiseurs de ne pas s'éloigner; aucune raison ne serait suffisante pour motiver leur absence dans un pareil moment. Un somnambule qui s'éveille seul est en proie à la plus vive agitation, ses membres se roidissent ; les traits de sa face se contractent ; il n'y a que le magnétiseur qui puisse ramener le calme dans cette organisation surexcitée. Le plan de cet ouvrage m'interdit de citer aucun fait, mais les magnétiseurs exercés trouveront au fond de leur mémoire une foule d'exemples funestes, qui attestent le danger d'un pareil abandon.

CHAPITRE VIII.

DES ACCIDENTS ET DES MOYENS DE LES PRÉVENIR.

Il arrive, surtout dans les premières séances, des accidents qui peuvent avoir des suites très-graves; je veux parler des crises nerveuses qui se manifestent assez souvent et dont s'effraient les magnétiseurs inexpérimentés. Voici les phénomènes qui se présentent habituellement avec un degré plus ou moins fort d'intensité : mouvements spasmodiques, contraction des muscles, élévation du pouls, respiration précipitée. Le sujet exprime son état de souffrance par des cris et des gémissements. Quelquefois il tord les bras avec force et se roule sur lui-même.

Rien n'est plus facile que de faire cesser un pareil état; mais il faut pour cela que le magnétiseur conserve tout son sang-froid, toute sa présence d'esprit. C'est le moment où il en a le plus besoin; s'il perd la tête, s'il laisse la crise redoubler d'intensité, il peut causer un mal irréparable.

Le magnétiseur doit bien se persuader que lui seul peut calmer les souffrances de son sujet; il s'opposera donc à ce que les personnes présentes le touchent même pour le contenir. Il s'avancera seul vers lui et placera les mains sur ses tempes. Il doit seconder cette action par une volonté douce et bienveillante. Dès que le sujet sera plus calme, il s'éloignera à quelque distance; puis élevant la main à la hauteur du front, il l'abaissera mollement jusqu'aux pieds, sans la moindre tension dans les muscles. Là, il rompra faiblement. C'est ce qu'on appelle *la passe médiane*. Le succès est certain si l'on joint à l'action des bras une volonté bienveillante, une forte envie de calmer le sujet (1).

Si cette passe, au lieu de faire du bien, semble irriter et augmenter les convulsions, c'est que l'on est trop près; il faut alors s'éloigner peu à peu jusqu'à ce que le sujet soit entièrement calme. Si le sujet se plaint de douleurs locales, d'oppression à la tête, au cou, à la poitrine ou au cœur, il faut dégager les parties souffrantes au moyen des passes horizontales. S'il n'indiquait pas le lieu où il souffre, il faudrait le lui demander, ainsi que les moyens de le soulager.

Je recommande principalement aux magnétiseurs, et j'insiste avec intention sur ce point, de ne jamais réveiller le sujet avant que les dernières traces de la crise n'aient entièrement disparu. Je

---

(1) J'invite les personnes qui en trouveraient l'occasion à essayer l'influence de cette passe sur les épileptiques, au moment de leurs crises. Elles verront alors si le Magnétisme est une chimère.

sais que la première pensée des magnétiseurs novices, effrayés des convulsions qui agitent le sujet, est de le réveiller. C'est une erreur profondément dangereuse, et je ne leur conseille pas d'en faire l'expérience : il y va de la vie du somnambule.

Si les crises se manifestent au commencement du réveil, il faut cesser immédiatement les passes horizontales et calmer les mouvements spasmodiques; quand les convulsions ont cessé, on recommence à réveiller le plus doucement possible. Souvent les crises n'ont d'autre cause que l'énergie employée pour hâter le réveil.

Je considère ce chapitre comme le plus important de cet ouvrage. J'invite mes lecteurs à le méditer. Que l'on se livre à des expériences dans un intérêt scientifique, rien de mieux. Mais la charité ordonne de s'assurer qu'elles ne sont pas nuisibles. Magnétiser avec la certitde que le Somnambulisme sera dangereux pour le sujet, ou bien sans prendre les précautions nécessaires, par ignorance ou par légèreté, c'est plus qu'une faute, c'est un crime.

CHAPITRE IX.

DES DIFFÉRENTS DEGRÉS DE SOMNAMBULISME, ET DES MOYENS DE LES CONSTATER.

Le Fluide nerveux en pénétrant l'organisme ne le modifie pas toujours de la même manière. Il produit quelquefois le Somnambulisme complet, quelquefois aussi son influence est à peine sensible; mais il est rare qu'elle soit tout à fait nulle. Un observateur attentif remarquera presque toujours des symptômes qui se rattachent évidemment à l'action magnétique.

J'ai dit que lorsqu'une crise avait lieu chez un sujet pendant la magnétisation, il fallait la calmer immédiatement. On la prévient ensuite en magnétisant à distance. Mais il arrive souvent qu'une crise est le résultat d'une action trop prolongée, d'une surabondance de fluide. Dès que la crise est calmée, il faut donc cesser toute magnétisation et interroger le somnambule.

S'il est en état de vous entendre et de vous répondre, demandez-lui s'il est trop magnétisé ou s'il faut continuer encore. Conformez-vous toujours à ses prescriptions, c'est le plus sûr moyen de ne pas commettre d'imprudences.

Mais il ne faudrait pas céder à un enthousiasme dangereux et croire naïvement comme article de foi tout ce que vous dira le somnambule. Tant de magnétiseurs ont subi de si cruelles mystifications, qu'aucune précaution ne doit paraître superflue pour constater d'une manière irréfragable la réalité du sommeil magnétique.

Il n'y a, selon moi, qu'une preuve absolue : c'est *la transmission de pensée.*

Placez-vous devant votre sujet qui prétend dormir; prévenez-le que vous allez lui transmettre un ordre mentalement. Ordonnez-lui de remuer une main ou un pied, recommencez plusieurs fois l'expérience, afin de vous assurer que la réussite ne peut être attribuée au hasard, et si vos ordres sont exécutés, vous êtes matériellement assuré du Somnambulisme (1).

Si le sujet ne parle pas et qu'il entende, on peut employer le même genre de preuve. Mais s'il n'entend ni ne parle, ce qui arrive dans l'état d'insensibilité, il est assez difficile de constater sa sincérité. Je crois même qu'il existe seulement des preuves relatives : concluantes sur telle personne, elles ne le seront pas sur telle autre.

Si le magnétiseur connaît le sujet avant de le magnétiser, s'il ne lui suppose aucun intérêt à

---

(1) L'ordre doit être donné avec une grande énergie. On peut aussi, pour faciliter l'expérience, bander avec soin les yeux du somnambule, se placer derrière lui et exécuter soi-même le mouvement qu'on lui commande.

trahir la vérité, il pourra se livrer à des expériences probantes, telles que de le piquer à l'improviste, de lui chatouiller les lèvres et surtout la plante des pieds, de lui faire respirer de l'ammoniac. Je sais que quelques personnes, dans l'état naturel, supportent ces épreuves sans sourciller, mais ce sont là de véritables exceptions; je crois même que tel individu qui résisterait stoïquement à une vive douleur, fera toujours un léger mouvement lorsqu'on le piquera brusquement et à son insu. D'ailleurs, lorsqu'un somnambule n'a aucun intérêt à trahir la vérité, quelle que soit la force de volonté qu'on lui suppose, peut-on admettre qu'il se laissera tourmenter de mille manières plutôt que d'avouer qu'il ne dort pas?

Toutefois se sont-là seulement des preuves relatives. Dès qu'un sujet paraît disposé à tirer profit de son Somnambulisme, on ne doit se prononcer qu'après un consciencieux examen.

L'expérience d'insensibilité qui me semble la plus concluante, est celle-ci : l'on trempe le bout des doigts dans l'eau et, en les frottant vivement contre le pouce, on asperge la figure du somnambule (1); s'il ne remue pas, on peut affirmer har-

(1) Cette expérience n'est concluante que si elle est faite à l'insu du somnambule. Il faut qu'il y ait surprise, car le premier mouvement est toujours indépendant de la volonté.

diment qu'il dort. Mais s'il est sensible à cette épreuve, on ne pourra pas en conclure qu'il ne dort pas. J'ai vu des sujets insensibles aux piqûres, aux chatouillements, aux brûlures même, s'agiter au contact de l'eau, quoiqu'ils fussent parfaitement endormis (1).

Il peut arriver qu'un somnambule dorme réellement, bien qu'il n'obéisse pas à la pensée du magnétiseur et qu'il ne soit pas du tout insensible. Seulement, comme il n'existe pas de moyen pour constater sa sincérité, on doit s'abstenir de le déclarer somnambule.

Il peut arriver que le somnambule ne dorme pas précisément, qu'il ait la conscience de son état, qu'il se souvienne de tout après la séance, et cependant qu'il soit dans un état magnétique assez prononcé pour obéir à la pensée du magnétiseur; mais alors c'est absolument comme s'il dormait.

Lorsque le sujet ne parle pas, il faut le réveiller à moitié et l'endormir immédiatement. On renouvelle cinq ou six fois la même chose pendant la séance. Si au bout de sept à huit jours il n'est pas somnambule, on doit l'abandonner, car il ne fera jamais rien.

Je dois prévenir les magnétiseurs novices qu'il

---

(1) Les épileptiques sont dans ce cas pendant leurs crises.

existe chez tous les somnambules une tendance à dissimuler une partie de la vérité et à exagérer leurs impressions. Je leur recommande une grande circonspection à cet égard ; ils épargneront ainsi de cruelles défaites à leur amour-propre.

Je crois pouvoir résumer ainsi les observations que je viens de présenter sur les divers états magnétiques et sur les moyens de les constater.

Presque tous les individus sont sensibles à l'action magnétique, mais cette action varie d'intensité.

Chez quelques-uns, elle se manifeste seulement par la chaleur ou le refroidissement, par l'élévation ou l'abaissement du pouls, par un léger mal de tête, par une salivation plus abondante.

Chez un plus petit nombre, elle produit un état d'assoupissement voisin du sommeil.

Chez d'autres, il y a réellement sommeil, mais ce sommeil cesse dès qu'on leur parle.

L'état de Somnambulisme le plus complet est celui où le sujet n'a aucune conscience de ce qui se passe autour de lui, n'entend que son magnétiseur (1), ou les personnes dont l'atmosphère ner-

---

(1) C'est ce qu'on appelle l'*isolement*. Il est quelquefois difficile d'*isoler* le somnambule, c'est-à-dire de l'empêcher d'entendre. Il faut répéter plusieurs fois des *jetées* sur les oreilles. On fait une jetée en lançant la main et en l'ouvrant brusquement.

veuse communique avec la sienne (1), indique les sensations qui lui sont transmises mentalement, et ne conserve, après le réveil, aucun souvenir de ce qui s'est passé.

Il arrive quelquefois des accès de catalepsie pendant le Somnambulisme. La lucidité disparaît alors et ne revient qu'après l'accès.

Il existe encore un genre de Somnambulisme assez rare du reste, connu en Magnétisme sous le nom d'*Extase* (2). Dans cet état, le somnambule échappe à la volonté de son magnétiseur, qui ne parvient à le contenir qu'après de longs et de nombreux efforts. « Transportée alors dans des régions imaginaires, dit un auteur, l'âme du somnambule a rompu ses liens terrestres et ne vit plus des émotions d'ici-bas. Admise à contempler l'Éternel, elle se réjouit de sa gloire, converse avec les anges et se délecte aux ineffables accents des séraphins. »

---

(1) Pour mettre en *rapport*, on prend la main de la personne et on la place dans celle du somnambule, en ayant soin de tenir les deux mains pressées pendant quelque temps.

Il est des somnambules d'un accès facile à tout le monde; il en est certains qui éprouvent de la répugnance à se laisser toucher par tout autre que leur magnétiseur. Avec quelques-uns la mise en rapport est impossible.

(2) « Je n'ai observé qu'un seul cas d'Extase », dit M. Teste. *Manuel pratique*, page 162.

L'extatique est en proie à la plus vive exaltation physique et morale. Tous les efforts du magnétiseur doivent tendre à le calmer en lui parlant avec bienveillance et en lui mettant la main sur le front. Il n'est pas rare de voir un extatique faire des vers avec la plus grande facilité, chose dont il serait incapable dans l'état ordinaire; rien n'est plus curieux à observer que sa physionomie pendant qu'il compose : il s'impatiente lorque le mot ne lui vient pas; il tape du pied lorsque la rime lui manque. En général, il se préoccupe plus de la mesure que de la rime. Je dois dire aussi que ces vers ne sont pas fort bons.

Il est deux genres d'Extase qui présentent chacun un caractère bien différent. Dans le premier, le somnambule est complétement insensible; il n'entend pas même son magnétiseur. Dans le second, il est, au contraire, doué de la plus vive sensibilité; il entend le moindre bruit, et le choc le plus léger lui donne des convulsions.

Pour ce qui est des preuves du Somnambulisme :

La seule concluante est la transmission de pensée.

Les phénomènes d'insensibilité n'offrent qu'un genre de preuve relatif. Cette preuve peut devenir absolue selon les circonstances.

Ainsi, un sujet très-sensible au chatouillement dans l'état ordinaire, qui ne remue pas lorsqu'on lui chatouille les lèvres ou la plante des pieds, est réellement endormi (1).

Un sujet pourra dormir réellement quoiqu'il n'obéisse pas aux ordres transmis sans l'intermédiaire des sens et qu'il soit très-sensible aux piqûres et aux chatouillements. Seulement dans ce dernier cas, il ne supportera pas ces expériences sans se réveiller.

CHAPITRE X.

ÉDUCATION DU SOMNAMBULE.

Lorsqu'on s'est assuré de la réalité du Somnambulisme chez un sujet, il faut mettre un certain ordre dans les questions et dans les expériences, sinon, au bout de trois ou quatre séances, il perdra sa lucidité. On commencera par lui demander les moyens de le réveiller et de le magnétiser à l'avenir. On lui recommandera de faire un signe lorsqu'il sera suffisamment magnétisé, et d'en faire

---

(1) Ceci mérite encore une restriction. Quelquefois et à l'insu du sujet, l'action magnétique émousse la sensibilité de l'épiderme de telle sorte qu'il ne sent ni les chatouillements, ni les piqûres peu profondes.

un autre lorsqu'il sera devenu lucide. Après cette série de questions, on lui demandera encore le temps qu'il désire dormir, et dès que ce temps sera écoulé, on le réveillera.

Il importe de ne pas fatiguer le sujet au début du Somnambulisme; on se contentera donc, pendant la première séance, de faire les questions que j'ai indiquées. Vouloir aller plus vite, serait s'exposer à user la lucidité qui se manifeste et qui demande à être développée par degrés.

A la seconde séance, il est probable que le somnambule s'endormira plus vite. On aura soin de le magnétiser ainsi qu'il l'aura prescrit. Dès qu'il aura fait le premier signe indiqué la veille, vous vous arrêterez, et vous attendrez qu'il ait fait le second. Il est possible qu'il l'ait oublié; dans ce cas, vous attendrez au moins cinq minutes avant de lui adresser la parole.

Dans cette période, le sujet est incapable de répondre; le passage de la vie ordinaire au Somnambulisme ne peut s'accomplir sans modifier l'état des principaux organes; il faut leur laisser le temps de se remettre. C'est ce qu'on appelle *la période d'insensibilité*.

Le principal obstacle que l'on rencontre dans les premières séances, est la difficulté qu'ont presque tous les somnambules à articuler nettement les sons. Cette difficulté dépasse tout ce que l'on peut imaginer. L'on est obligé les trois-quarts du temps de deviner ce qu'ils disent. Il faut alors les mettre au régime de l'eau magnétisée et leur en faire boire un verre, soit avant, soit pendant la séance. Il n'est pas mal non plus de les forcer à prononcer des mots hérissés de consonnes et d'insister quelque temps sur cet exercice. Au bout de trois semaines de magnétisation régulière, ils parleront passablement.

J'ai dit que la démarche des somnambules (1), lorsqu'ils n'ont pas été magnétisés souvent, est lourde et embarrassée. Ils ont beaucoup de difficulté à se lever et à se tenir sur leurs jambes. Il faut d'abord les faire marcher en les tenant par la main, puis on les laisse aller tous seuls. On les verra avancer un pied avec précaution, chanceler quelque temps, parvenir à reprendre l'équilibre, avancer l'autre pied et marcher ainsi en donnant des signes d'inquiétude et d'anxiété. Il faut alors encourager leurs premiers essais par des paroles bienveillantes et les calmer en appliquant la main sur leur front.

On ne doit jamais faire une expérience sans avertir le somnambule. Ainsi, prévenez-le que vous allez le faire lever, mais recommandez-lui de n'exécuter votre ordre qu'au moment précis où vous le lui donnerez.

---

(1) Le somnambule ressemble à un homme ivre. Il est inutile de le retenir lorsqu'il paraît sur le point de tomber : les somnambules ne tombent jamais.

N'insistez jamais longtemps sur la même expérience : si elle ne réussit pas, attendez un autre moment, le somnambule sera peut-être plus lucide ; si elle réussit n'en faites pas plus de deux ou trois du même genre. Rien ne déplaît au somnambule comme une expérience répétée trop souvent. Il s'ennuie d'abord, puis il s'impatiente, quelquefois il finit par se blaser sur cette expérience.

Lorsque le somnambule commence à marcher, laissez le seul, debout au milieu de l'appartement, placez-vous derrière lui et prévenez-le que vous allez l'attirer et le repousser tour à tour. Si vous voulez le faire venir vers vous, tendez fortement votre pensée dans ce but ; puis vous dirigez votre main vers lui et en la ramenant vers vous, supposez que vous l'attirez avec un objet matériel. Pour le repousser, supposez le contraire et vous agissez toujours avec une vive énergie cérébrale (1).

Lorsque le somnambule sera familiarisé avec cette expérience, on peut la faire sans le concours du geste, mais il faut encore que le magnétiseur ait acquis l'habitude de formuler sa pensée. On ne s'étonnera donc pas si j'ai placé l'imagination au

---

(1) Le magnétiseur doit toujours formuler sa pensée au moyen d'une image, il doit la *matérialiser* pour la rendre sensible au Somnambule.

nombre des qualités nécessaires à un magnétiseur.

Parmi les expériences sur lesquelles il faut insister pendant les premières séances, il en est une qui peut être reproduite sous plusieurs formes, et que je dois indiquer ici, car elle contribue beaucoup à l'éducation du somnambule. Cette expérience consiste à faire prendre un objet désigné.

Voici les conditions dans lesquelles on doit se placer pour assurer le succès :

En général, il importe que le magnétiseur soit dans une direction perpendiculaire avec le somnambule, soit devant, soit derrière. Supposons maintenant qu'il s'agisse de faire prendre au sujet une montre sur une cheminée; on aura beau lui donner cet ordre (1) avec énergie, il n'aura garde d'obéir parce qu'il ne comprendra pas. Commencez par le prévenir qu'il doit aller chercher un objet. Vous lui ordonnez ensuite de se lever, et quand il est debout, vous le dirigez vers la cheminée en modifiant sa marche, s'il s'égare à droite ou à gauche; dès qu'il est arrivé près de la montre, vous vous la représentez nettement dans l'imagination, vous la séparez, vous l'isolez des objets qui l'entourent; c'est elle seule que vous devez voir.

---

(1) Il va sans dire qu'il s'agit toujours d'un ordre donné mentalement.

Ne transmettez jamais deux images à la fois, sous peine de n'être pas compris. Il résulte de cette observation, qu'en donnant un ordre un peu compliqué, il faut le détailler de manière à le faire exécuter partiellement.

J'ai dit qu'il fallait toujours prévenir le somnambule du genre d'expérience que l'on va faire; on doit même avoir le soin de lui demander si cette expérience ne le contrarie pas. En cas de refus n'insistez jamais. Les somnambules ne sont que trop disposés à dire oui.

Quand le somnambule est bien fixé sur cette série d'expériences, on peut tenter *les visions*. Vous placez un objet dans votre main et vous vous le représentez mentalement. Si votre somnambule est lucide, il dira le nom de l'objet; s'il ne sait pas le nom, il en décrira la forme.

L'influence du magnétiseur peut aller jusqu'à dénaturer le goût et l'odeur d'un liquide que l'on fait goûter au somnambule. Ainsi l'on communique à un verre d'eau toutes les saveurs possibles depuis les plus communes jusqu'aux plus excentriques. Le somnambule ne dit pas toujours le mot, mais il indique les sensations qu'il éprouve, et c'est l'essentiel. Cette expérience manque souvent par la faute du magnétiseur, parce qu'il doit avoir lui-même dans la bouche le goût qu'il veut communiquer à l'eau. L'imagination de tout le monde ne va pas jusques là.

J'ai parlé au chapitre IV des diverses facultés des somnambules, et le lecteur aura pu voir qu'à part la *transmission de pensée*, je n'accordais qu'une confiance fort limitée *à la transposition de sens* et aux autres facultés dont j'ai parlé. J'ai dit encore que, dans la plupart des cas, ces phénomènes pouvaient très-bien être expliqués par *la transmission de pensée*. Prenons par exemple *la transposition de sens* et *la vue à travers les corps opaques*.

M. Ricard, dans son *Cours de Magnétisme*, parle d'un enfant qui voyait par le talon. Ici le phénomène était facile à constater. Il ne s'agissait pas en effet d'appliquer sur les yeux un bandeau dont *l'opacité* ou *l'adhérence* laisse toujours des doutes. Aussi l'expérience parut concluante. On plaça une carte à une petite distance du talon, et l'enfant s'écria : « Je la vois ! C'est la dame de cœur. » Pour ma part je suis convaincu que si M. Ricard avait placé la carte à l'occiput ou à l'épigastre du sujet, ou même s'il s'était contenté de se représenter cette carte mentalement, l'expérience aurait tout aussi bien réussi.

M. le professeur Rostan parle d'une femme qui voyait l'heure à une montre qu'on lui plaçait devant l'occiput. Il n'est pas de magnétiseur qui n'ait répété cette expérience et qui n'ait réussi en mettant tout simplement la montre dans sa poche.

Mais, dira-t-on, il est des somnambules qui

jouent aux cartes et qui lisent les yeux bandés. — On peut faire jouer aux cartes tous les somnambules, d'une manière bien simple. On se place derrière eux de façon à lire dans leur jeu, et on leur fait poser la main sur la carte qu'ils doivent jouer. On leur fait aussi garder la levée lorsqu'elle leur revient. Mais ici ce n'est pas le somnambule qui joue, c'est le magnétiseur qui joue pour lui, au moyen de *la transmission de pensée.*

Le phénomène de la lecture serait plus concluant, s'il était prouvé que les somnambules doués de la prétendue faculté de voir *à travers les corps opaques*, ont lu une page entière, ou du moins un certain nombre de lignes. Mais il est démontré, au contraire, que ces somnambules n'ont jamais pu lire de suite que trois ou quatre mots, avec la plus grande difficulté (1). Encore étaient-ils obligés de s'arrêter souvent, d'épeler les lettres; enfin, ils éprouvaient la plus grande fatigue.

Il est aisé d'expliquer le rôle que joue ici la *transmission de pensée*. Sans doute on ne peut pas transmettre une idée abstraite, et par conséquent on ne peut pas transmettre un mot. Mais un magnétiseur en rapport avec un somnambule, préoccupé vivement de la pensée qu'il doit lire, sait par

---

(1) Voyez *Puissance de l'électricité animale*, par le docteur Pigeaire. 1 vol. Paris, 1839.

cœur la phrase qu'il a sous les yeux, au point de se représenter non-seulement les mots, mais l'image de ces mots et des lettres qui les composent; de sorte que le somnambule distinguera confusément une série de lettres dans la pensée du magnétiseur et parviendra, à force de peine, à en assembler quelques-unes de manière à former un mot ou deux (1).

La vue à distance se rattache évidemment au même phénomène. Un somnambule décrira très-bien un lieu que se représentera dans le moment la personne qui l'interroge.

Je ne voudrais pourtant pas donner à ces idées un sens trop absolu. Je ne nie pas précisément que les phénomènes dont je viens de parler n'aient jamais pu avoir lieu; je crois seulement que, dans la plupart des cas, on les a attribués à une cause qui n'était pas réelle (2). J'engage donc les magnéti-

---

(1) Il est incontestable, d'après cette observation, que le Magnétisme a été fort mal présenté aux *corps savants*. Je n'ai certainement pas l'intention d'excuser une conduite inexcusable; mais il est constant que les phénomènes sur lesquels on appelait leur attention n'avaient pas été suffisamment étudiés par les magnétiseurs.

(2) L'intérêt du Magnétisme et partant l'intérêt de la vérité est la seule chose que j'aie en vue dans le cours de cet ouvrage. Je dirai donc à mes lecteurs que j'ai observé deux phénomènes inexplicables par la transmission de pensée.

1° Un somnambule sait toujours l'heure de la journée, il l'indique à une minute près;

seurs, avant de présenter un fait comme appartenant à la classe de ceux que je viens d'énumérer, à l'examiner sérieusement avant de le produire. Ils éviteront par-là le désagrément d'avoir à abandonner une opinion mal fondée, et ils ne laisseront aucun prétexte aux adversaires du Magnétisme.

CHAPITRE XI.

OBSERVATIONS GÉNÉRALES.

Je ne dois pas terminer cet ouvrage sans engager les jeunes magnétiseurs à se mettre en garde contre les piéges qui seront tendus à leur inexpérience. J'ai indiqué autre part les moyens de constater le Somnambulisme et j'ai insisté sur ce point capital. Je veux parler à présent de certaines conditions dans lesquelles le succès est impossible et qui se présentent assez souvent.

Un magnétiseur qui commence est ordinairement enthousiaste des résultats qu'il a obtenus. Il ne manque pas de s'exagérer sa puissance magnétique, au point de supposer que personne ne peut lui résister. Il résulte de cette illusion qu'il magnétise à tort et à travers sans chercher à assurer le succès de ses expériences par les précautions que com-

---

2° J'ai vu un somnambule dire toujours sans se tromper le nombre de personnes qui se trouvaient dans l'appartement. J'ignore si cette faculté est commune à tous les somnambules ; je sais seulement que tous connaissent l'heure de la journée, et qu'ils l'indiquent avec précision.

mandent la prudence et la sagesse la plus vulgaire.

Il arrive souvent dans un salon, lorsque la conversation tombe sur le Magnétisme, et qu'un membre de la société passe pour *magnétiseur*, qu'une voix perfide lui jette ce défi d'un ton caustique et malin : « Pourriez-vous nous montrer quelque chose ? — Mais, vous autres magnétiseurs, vous ne magnétisez qu'en petit comité, le grand jour vous fait peur, et vous redoutez les témoins qui seraient plus clairvoyants que vos somnambules. » La conversation continue sur ce ton, et le jeune magnétiseur, fier de ses succès précédents, attribuant à sa puissance ce qui en réalité était le fait des sujets qu'un heureux hasard lui avait amenés, jaloux de convertir un auditoire composé d'hommes du monde, de jeunes et jolies femmes, se laisse prendre à cet appât séduisant. Une charmante incrédule se propose pour *sujet* et le magnétiseur se met à l'œuvre. Mais le moyen de se recueillir au milieu d'un cercle composé de jeunes gens et de jeunes femmes qui entourent le couple expérimentateur, en chuchottant, en poussant des rires étouffés, en faisant mille comparaisons ridicules, dont le bruit affaibli vient mourir dans l'oreille du magnétiseur? Le *sujet* se prêtera pourtant de bonne grâce aux prescriptions indiquées, il tiendra son sérieux avec un sang-froid comique, et au moment où le jeune disciple de Mesmer, voyant son immobilité, croira de la meilleure foi du monde l'avoir complétement endormi, au moment où, croyant avoir imposé silence aux détracteurs, il se lèvera tout rayonnant pour proclamer sa victoire, un violent éclat de rire d'autant plus énergique qu'il aura été contenu plus longtemps, viendra le glacer de stupeur et le pétrifier des pieds à la tête. Cet éclat de rire trouvera de l'écho, je vous le jure. Tout le monde rira de ce rire homérique dont les bouches françaises et surtout les bouches méridionales connaissent si bien le secret; je me trompe cependant, un seul ne rira pas : il est inutile, je pense, de vous le nommer.

J'invite donc les jeunes gens à ne jamais magnétiser dans un salon ni même au milieu d'une compagnie trop nombreuse. Trois choses sont nécessaires pour produire le Somnambulisme, savoir : le calme, le silence et le recueillement. La moindre distraction suffit pour troubler le magnétiseur et pour empêcher le succès.

Je dois dire encore que les sujets doivent être choisis de préférence dans les classes inférieures de la société, principalement parmi les paysannes. C'était l'opinion de Deleuze, c'est celle de tous les magnétiseurs exercés. On a d'ailleurs beaucoup moins de chances d'être trompé, chez ces natures incultes, mais foncièrement bonnes et sincères.

Un magnétiseur qui possède un sujet doit tâcher de l'avoir seul. Si plusieurs personnes le magnétisent à la fois, il ne tardera pas à perdre sa lucidité.

FIN.

TABLE DES CHAPITRES.

www.ingramcontent.com/pod-product-compliance
Ingram Content Group UK Ltd.
Pitfield, Milton Keynes, MK11 3LW, UK
UKHW021636260726
13994UKWH00003B/1203